目次

關於封面

籃子、籃子、籃子、籃子。
這期封面的主角就是籃子。
伊藤正子、飛田和緒，
還有喜歡籃子的男子們的籃子，
都是平常就在用的。
用慣的籃子
會呈顯出深厚的顏色與味道，
非常有魅力。

我愛籃子！不論男女都熱烈喜歡的籃子魅力是什麼？

文—高橋良枝　翻譯—李韻柔

這是十年前的事了。
我和飛田和緒約好了要一起吃飯。
飛田從一台穩穩開到店門前的紅色保時捷下車，
身穿和服的她，手上提著一個木通籃子。
我還記得她因為初夏搬到濕氣重的海邊，
那時感嘆地說著「心愛的籃子發霉了……」。
伊藤正子在著作《信州手作工藝品手帖》中，
介紹了製作籃子的職人和貴重的信州籃子。
伊藤很惋惜的說：「松本過去有個叫做篠竹細工的工藝，
而那個專做竹製品的職人過世後，那個技術也要失傳了。」
同行的台灣雜貨商似乎也買了好幾個籃子。
三谷龍二在松本的街上買了降價的籃子。
大谷實的籃子則是像變魔術一樣，能從中拿出很多沖泡咖啡的道具。
看了一圈後，我才重新發現，
其實《日日》的周圍，不論男女，有很多喜歡籃子的人啊！
連我常去的餐廳主廚也是把上市場用的菜籃掛在腳踏車上，颯爽地忙著。
於是「籃子男子」這樣的稱號也就自然出現了。
喜歡籃子的「籃子男子」和「籃子女子」。
我想介紹你們有點可愛又極好看的，他們和她們使用的籃子。
這個企劃就是基於這個想法誕生的。

小時候（一九四〇年代），
家裡面有的，就是一些木頭、竹子或是紙之類的天然材料。
塑膠或是不鏽鋼等工業產品的普及，要到五〇、六〇年代之後了。
廚房裡用來瀝乾水份的，或是拿來淘洗白米的，都是竹編器具。
煮飯用的是有一圈圓形翅膀的鐵鍋。
透過最近的電視廣告，我才知道這叫做羽釜*。
電子鍋開始普及的時候，應該是在一九五〇年代的後半。
當時，不只廚房裡的籃子等生活用具，還有行李這些竹編的收納箱。
在那個沒有超市和塑膠袋的時代，藺草編成的籃子就是主婦們採買的好夥伴。
不論農村或山莊聚落，肩揹式的竹籠或是農作物的乾燥和保存，
都會拿這種編織道具做為農具使用。
在色彩鮮艷的塑膠製品出現後，
也不記得從哪時開始，廚房裡的竹編器具就消失了。
隨著時代改變，我們家好像又再度出現了籃子或竹籃之類的東西。
也許是大家又注意到了天然素材擁有的溫度和魅力。
竹子也會因為產地不同，配合氣候而有各自的特色。
木通的蔓或是樹皮也有拿來編成器物的。
這些編織道具就是用所在土地上能入手的素材來製作的日常用品。
希望大家都能重新感受這些編織道具的魅力。

*譯注：圓桶狀的鐵鍋外緣有一圈凸出來的部分稱為羽，是以前燒飯大灶的內鍋，圈圈剛好可以卡在灶上面。

籃子男子・大谷實

（咖啡烘焙）

剛好能收進一組咖啡道具的籃子

攝影──公文美和

喜歡大谷實咖啡的粉絲很多，而他為了讓自己烘焙的咖啡更好喝，開始展開在日本各地尋訪的行動咖啡店。

這次旅行的旅伴就是籃子，企劃這次籃子特集之際，最先出現在我腦海的，就是大谷實提著籃子的樣子。

採訪那天是在東京西麻布的「R」咖啡教室，隔天是在松本的「10cm」，再隔日是在鎌倉，簡直就是個移動的咖啡師。

「這個籃子是因為久保（造型師友人，久保百合子）推薦，幾年前在ZAKKA時買的。」

今天的旅伴，有著漂亮堅固的長方型。使用素材並非竹子，而是稻草那類的植物，好像是舶來品。

籃子裡裝著仔細用布包好的磨豆機、小茶壺和杯子等，沖泡咖啡時需要的道具能完整收納一組。

提到大谷實，通常會馬上聯想到「籃子」，他本人卻說：「除了籃子，最近我也使用其他的啦！」

說完，又拿出了他二十多歲時愛用的籃子。在我的記憶裡，幾年前的他手上確實就是提著這個用麻繩編成的柔軟提籃。

最近這幾年，大谷實的行動和活動展現驚人的成長，連要確定他今天會在哪裡出沒都有難度。

但是實際見到面，一如往常的純正京都腔還是聽起來很舒服，柔和的模樣也和過去一樣。

「即便要放進滿滿的東西，籃子就是能把東西都整整齊齊地裝進去，十分方便。」

一口京都溫柔的語調。

從籃子裡不斷拿出沖咖啡的道具，依照使用順序排得很整齊。

高瘦的大谷實和橫長的籃子正是絕配，攝於西麻布的「R」。

籃子男子・須藤剛（溫石）

在農家購買的蔬菜會直接放入籃子

《日日》第4期的「松本」特集，是住在松本的須藤剛和田所真理子夫婦特別為我們介紹的。當時「溫石」剛開業，須藤剛在狹窄廚房裡做著精緻料理的高大身影令人印象深刻。

經過了8年，不管是店面、住宅和廚房都變得更寬敞，而料理的細緻和美味程度也更加提升。

受邀前往東京、奈良、多治見等地做料理的機會也變多了，一家人前往日本各地，使用當地的食材入菜，一般人應該會覺得很辛苦，但他本人卻更享受辛苦中的樂趣。

入住四周環山的信州，就開始被四國和瀨戶內的魚貝類給吸引。心裡開始編織著有一天要住在瀨戶內的美夢，但是現在，他還在善用松本當地食材的路上。

「幾年前我曾經租了一塊地，打算自己種菜，但時間越來越不充裕，所以就放棄自己種菜了。」

後來蔬菜就改向農場直接購買，那時我會帶上籃子。

「不會讓蔬菜受傷，又能直接處理後當作瀝乾水份的道具，籃子真是好用。」

會根據當天的心情和要買的蔬菜類型選用有提把的籃子或是竹簍，兩種似乎都是在松本市內的古道具屋買的。

「兩個都是舊籃子。」

在松本出生的長男小太郎已經5歲了，田所真理子的「插畫日記」介紹了小太郎童稚又充滿魅力的每一天。

這天的拍攝因為須藤剛說：「要準備客人的午餐，請早點來。」早上九點就集合了，而從備料開始都是須藤剛獨自完成，背後的功臣就是「籃子」了。

前方為篠竹細工，後方為根曲竹的籃子。

在寒冷的松本，冬季蔬菜的種類不多。今天的主角是菠菜？

籃子男子・大久保紀一郎

（ANTI HEBLINGAN）

到築地買東西的時候就把菜籃掛在腳踏車的龍頭把手上

兩個菜籃裝滿了購入的食材。

「之前是用更大的籃子，但因為踩腳踏板時會撞到籃子，就改用小一號的了。」在腳踏車的龍頭把手掛上兩個菜籃，每週都會去築地市場買二、三次菜。

「從店裡出發，騎腳踏車大概20分鐘，買滿兩個籃子的量剛剛好。」騎車的颯爽姿態，讓我們看見了和平時在廚房不同的模樣。

大久保紀一郎現在是「食堂ANTI HEBLINGAN」的老闆兼主廚，過去待在銀座高級裁縫店工作了很長一段時間，但因為喜歡做料理，希望有一天能開一間自己的餐廳，而這個夢想已經實現。

尋找店內使用的器材時，偶然進入「tamiser」。在那裡遇到了吉田昌太郎，二人志趣相投很合得來。因為這場際遇，店內的裝潢就交給吉田昌太郎設計了。

店名ANTI HEBLINGAN是取自小津安二郎的電影，一種虛構的藥物名稱。他對電影和書的造詣也頗深，店內裝飾著許多大久保紀一郎喜歡的書。這裡的客人有很多是作家、編輯或設計師等創作者，這也形成了這間店的特殊之處。其實《日日》編輯部也很常來訪，不管是加班的晚餐或單純來吃飯。

提供的菜色為義式或西班牙料理，而招牌菜和每日推薦菜色則會用粉筆寫在黑板上。幾樣前菜加上義大利麵和主菜，就能愉快的享受一餐。

大久保紀一郎一個人負責全部的菜式，他對食材講究，經常使用有機蔬菜和天然食品。

「tamiser」的品味讓店內飄散著昭和的懷舊氣氛，讓人感到放鬆和心情愉悅。不知是否因為這樣，總是一來就不小心待了很久。

騎著細胎腳踏車，輕快爽朗穿梭早晨街頭。

籃子男子・三谷龍二

（木工設計師）

在戸隱買的根曲竹籃子是上街好夥伴

某次和三谷龍二在松本的街上散步時，我注意到他手上提著的是籃子。

「哦哦，這個嗎？這是我在戸隱的籃子店裡買的，出門時放錢包和一些其他東西剛剛好。」

想到「籃子男子」這個詞的時候，第一個想到的就是大谷實和三谷龍二提著籃子的樣子。《日日》的周圍不只女性，連男性都有喜歡籃子的人，所以我們有了這次的企劃。

右邊是三谷龍二的籃子，左邊是40年前，「手力屋」上一代老闆做的同個模樣的籃子，顏色已經變得很漂亮了。

松本過去就有著「篠竹細工」這樣的竹器物製作店家，販賣日常生活不可缺少的生活道具。但會篠竹細工的職人幾乎都已經不在了，現在想成為篠竹細工新職人的年輕人，正進行篠竹細工的挑戰。

三谷龍二買的戸隱籃子，是在寒冷的戸隱周邊成長的根曲竹，是一種矮小竹類。

「明天，一起去戸隱吧！那裡有好幾間籃子店，其中我最喜歡的是手力屋。」

於是，我很幸運的，這次的戸隱行由三谷龍二擔任嚮導和司機前往。

要去松本，有一家非去不可的蕎麥麵店。那裡的老闆，是負責製作全部蕎麥麵的女性，也有一個和三谷龍二同樣的籃子。

「這是大約40年前，母親買給我的，據說是手力屋的上一代老闆做的。」

她把顏色已呈焦糖色的籃子拿出來，根曲竹的篩籃拿來盛裝蕎麥麵十分合適，當然，這家店使用的蕎麥麵篩籃也都是根曲竹做的。

「越用顏色越漂亮就是籃子的魅力。」

「我的籃子要用到變成這種顏色應該還要很久吧！」三谷龍二一直看著對方的籃子說了這麼一句。

提著籃子準備出門的三谷龍二，只是要買一點東西的話，就使用籃子來裝。

從江戸時代末期開始就有的根曲竹籃子

戸隱位於標高一千公尺高原上。戸隱神社裡往中社的鳥居，有一段相當陡的坡，坡道兩旁有好幾間的籃子店鋪和土產店。其中一間就是「手力屋」。

譯註：戸隱神社由五個神社組成，從山下往山頂分別為寶光社、火之御子社、中社、九頭龍社和奥社。

手力屋
長野縣長野市戸隱中社3414-3
☎ +81-026-254-3004

「江戸時代的根曲竹是被當做建築材料使用的樣子，常用在牆體材料。」

說話的是手力屋第四代老闆，78歲的中川綱昌。拿竹子加工製作器具是江戸末期開始的，全盛時期甚至有一百家以上的店鋪互相競爭生意，但現在會做的大概剩下10人，變得相當少了。

「根曲竹製作的東西，原本是為了農家作業必須使用的道具。所以都是很簡陋的雜貨，做不出樣子好看的東西。」

「這個揹在背後的竹籠，可以放進蔬菜等東西，然後揹著它運送，以前的人會揹著和自己體重差不多的重物」，老闆拿出一個焦糖色的竹籠給我們看。

三谷龍二和伊藤正子、飛田和緒都是手力屋籃子及竹籠的愛用者，這天三谷龍二也買了好幾個籃子，開心的放進車裡。

「現在專門做籃子的，大概就4、5人吧！」

戸隱位於嚴寒的高冷地區，店鋪兼工作場所的地板竄上寒氣。因為天然的環境而有這些根曲竹，代代相傳使用這些竹子維生的在地產業，其繼承人也越來越少，在農務和日常生活中使用竹籠的人減少應該也是其中一個原因。

手力屋有第五代嗎？

「長男好像會接手，但他現在只是普通的店員。」

根曲竹其實是一種矮小竹類，直徑很細，只有1至2公分。10月割採的竹子會在冬日加工，而籃子邊緣使用的竹子則是九月採收的。

說來有點可惜，「以前只要在附近的山區就可以收採，但因為最近變少了，不往山上走基本上是找不到材料的。」

從戶隱神社鳥居延伸出來的坡道上，有著茅草屋頂的「手力屋」。我們拜訪時是1月中旬，屋頂被雪覆蓋。

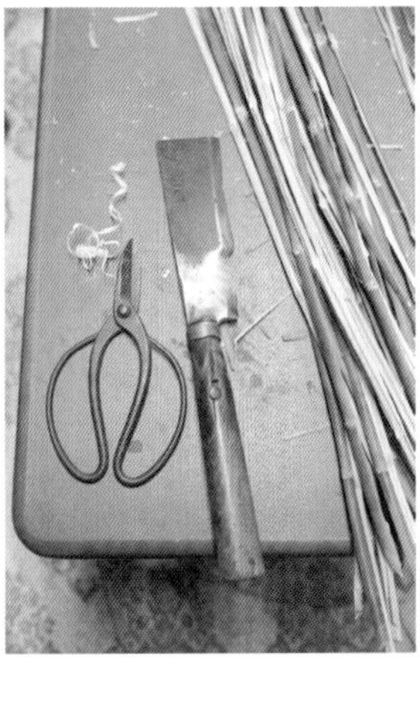

製作籃子使用的道具有輕便斧和剪刀，店裡堆放著做好的籃子和竹籠。

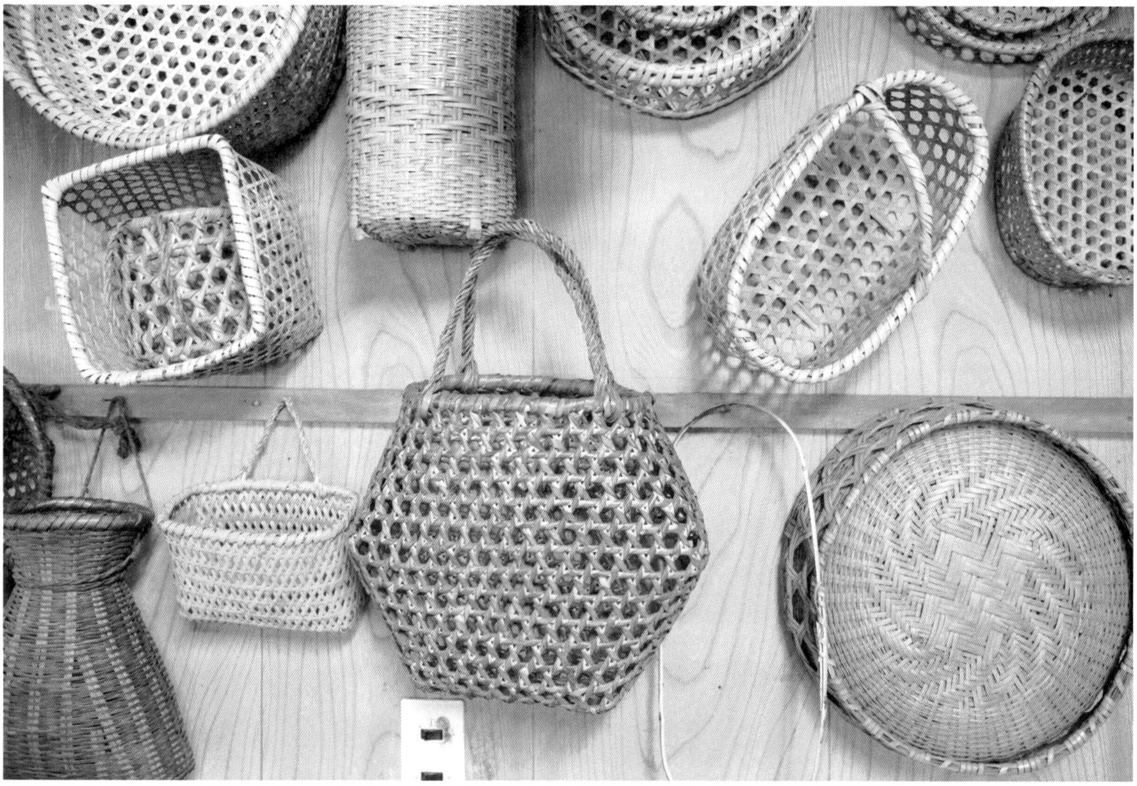

牆上掛著籃子和竹籠的樣品，呈焦糖色的竹籠從製作到現在經過了差不多十年的時間。

捕魚用的魚籠？

店外堆著使用前的根曲竹。

帶著青色的是剛做好的籃子。

滿是信州籃子的上原善平商店

如果是喜歡籃子的，應該有很多人都知道松本市的籃子專門店。店頭以當季野花裝飾，店內則是充斥著各種籃子。信州各地的籃子都能買到。

上原善平商店
長野縣松本市大手4-5-5
☎ ＋81-0263-32-0144

喜歡籃子的伊藤正子經常造訪市內的「上原善平商店」，在拍完籃子後，她帶我們過來。

這家店滿滿的都是信州各地來的籃子或竹籠，都堆到天花板了。

老舊的肩揹竹籠拿來插花，為店頭帶來鮮艷的裝飾。「因為有著這樣的籃子專門店，此地的籃子和篩籃文化才能流傳到現在吧！」看著東京幾乎看不到的籃子山，我有了這樣的感慨。

「篠竹細工最近好像是由年輕人來製作哦！」

這是我們家職人做的篠竹細工，「還需要再磨練呢」，拿出一個看起來很質樸的籃子。雖然為數不多，但看到技藝得到傳承還是令人高興的。

從地面到天花板，到處都是籃子堆積如山。

伊藤正子的籃子

伊藤正子對籃子的喜好超乎想像。從小時候開始就喜歡的籃子，不知不覺間已經是令人驚訝的數量了。

文—伊藤正子
攝影—公文美和
翻譯—Frances

在小時候讀過的故事裡，只要看到「用籃子裝著葡萄酒與麵包」，或是「從樹上的小屋將綁著繩子的籃子垂下來，大人就會把點心裝進去」等描述，就會覺得興奮不已。

老家有各種的籃子，用細銅線編織成的提籃裡裝著橘子，或是客人、朋友來訪時，用圓形的藤編托盤端出麵包小點。

即使是習以為常的食物，只要裝在籃子裡，不知道為什麼就看起來好好吃，也會童心大發覺得「好棒啊」。這麼一想，我對籃子的喜好應該就是從孩童時期開始的。

中學的時候在雜貨屋或中華街等地方買好像可以裝小東西的小籃子。因為是用零用錢就可以買到的東西，幾乎都是便宜貨，但是不也可以裝入護唇膏等隨身的小東西，或是手作的毛氈吉祥物嗎？

念高中的時候，我買了對當時的自己而言，需要下定決心的籃子。那是法國製的柳編籃子，店裡有著各式各樣形狀的柳編籃子，但是一只手編的四方形籃子抓住了我的目光。

「好好看啊！我想用這個。」

非常自然地就浮現這個念頭。雖然看到價格嚇了一大跳，卻不知為何有種命中註定的感覺，於是我就帶它回家了。從那時開始過了25年，究竟買了多少個籃子呢？

這次環視家裡，自己都被籃子和篩籃的數量給嚇了一跳。因為平常都是疊在一起收著，或是放進櫃子裡當作收納的道具來使用，自己也從未像這樣把所有籃子一起拿出來看。

不過唯一可以確定的是，我並不是收藏家，因為至少都是以「使用」為前提來選籃子的。

買籃子的時候在腦子裡想的是在家裡要怎麼用它。因為同樣用途的籃子已經有好幾個了，女兒都會說我「又買了看起來一樣的籃子？！」……。不過在旁人看起來或許是一樣的，但對我來說那些籃子可是完全不同。

出門旅行前我也會想著「不知道會遇到什麼樣的籃子啊？」就像吃好吃的東西一樣，對與籃子的相遇也懷抱著期待。依照氣候、風土、生活方式所做出來的籃子是各式各樣，我對觀察這些差異很有興趣，也覺得好有趣啊！

芬蘭的古董籃子，很喜歡這籃子編織的樣式，出門的時候似乎常常用到它。

旅行時一定會去當地的市場。市場是將住在那個土地上的人們的生活濃縮在一處的地方，去走走看看也充滿樂趣。

而且最棒的是可以看到上市場的人們所帶的購物籃。有時候還會去問他們「你這個籃子是在哪裡買的？」不過大部分的人都會回答是很久以前買的，所以已經忘了。

把手和底部都磨損了，大多是有一定年歲的籃子，但是我覺得大家拿著那種籃子的樣子是那麼自然而帥氣。要能夠像那樣若無其事地提著，好像還要花上不少時間吧！

在市場主要道路的外圍，大概都會有一些像雜貨店一樣的五金行之類的，我會去那裡找籃子。所以總是帶著籃子搭上回程的飛機，而且會很小心地抱著籃子回家。

在我所擁有的籃子裡，有一些是作家所做、很費工的籃子；反之，也有亞洲國家做的、一個只要日幣兩百日圓的籃子，不管哪個籃子都無關高級的還是便宜的，對我來說每個籃子都一樣重要。因為我選擇的基準就是看「喜歡與否」而已。

為了拍照拿出來放在客廳的籃子。出現的數量連伊藤正子本人也嚇了一跳。

像這樣排在一起看的時候，好像發現我選擇籃子有簡單且好用的傾向。不論是在什麼國家、什麼地方買的，喜好統一而論，或許是存在「簡單好用」這個基準。

去拜訪製作籃子的創作者時，我會問他們「選擇的祕訣是什麼」。

他們會這樣回答我：「總之就是要常用。」

我照他們所說經常使用，而且使用之後有時會用擰得很乾的布，仔細地輕輕擦過。

天氣很好的時候，會把籃子拿出來放在通風處接觸空氣。因為籃子最討厭濕氣了啊！像這樣總是與籃子相處，籃子也會變得很有味道，相對的對籃子的感情也日漸加深……，然後看到用心培養的籃子時，就會更加喜歡它們了……，會形成這樣的狀態。

從現在到以後，對籃子的熱愛似乎不會停止了。

在竹細工教室做的籃子

在上了兩年的竹細工教室做的籃子和篩子。可以看到有柄杓的是濾蕎麥麵的「甩湯杓」。

這是教室的老師飯島正章先生的作品。

當我知道在木曾開工房的竹細工作家飯島正章要在松本教竹細工，而前往拜師學藝的事是發生在幾年前。教室有兩種課程：從篾條做起的高級班課程，以及由老師準備好篾條讓初學者拿來編的初級班課程。我從初學者的課程開始學習，每個月去上兩次課。

我在那裡學會的「編織」這門課，其實在製作竹細工的工程中，只是最後的20%程度而已。做篾條非常困難，卻也是很重要的步驟。

實際自己動手編織之後，對於籃子是如何成行的，多少能夠理解了，當看到市售的籃子時，也會想到「這是六目編的啊」或者「這個人的手非常巧呢」。學習前後對籃子的看法也稍微有所改變了。

日本的籃子

這是在長野縣的藝廊夏至所展出的籃子展上發現的。素材是真竹，可以放入一人份的便當盒與小水瓶。

大約10年前到盛岡旅行的時候發現的竹籃。小而奢華的設計，最適合搭配夏天的和服。

九州地方為了保存米飯所使用的飯籠。

戶隱根曲竹篩籃是在松本的籃子店裡買的。很適合搭配北歐的布料與鍋子，拿來裝麵包也很不錯。

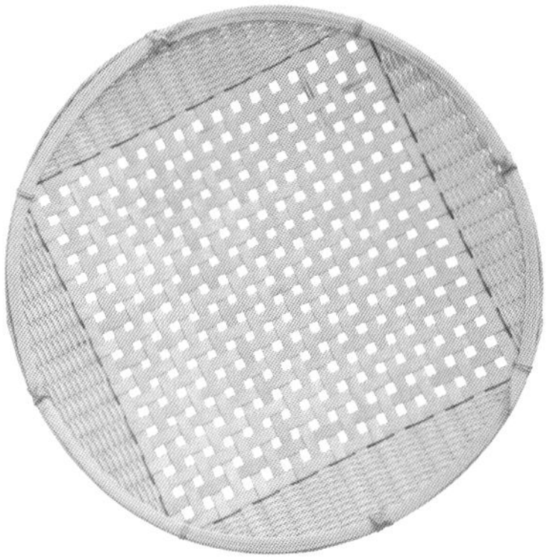

在大分的竹細工店裡放了很久都沒賣掉的篩籃。因為有纖細的網目，比起當作篩籃來用，當作器皿更好。

收到的這個福島縣禮物是木天蓼的篩籃。因為尺寸很小，可以拿來裝毛豆或飯糰。邊緣的褐色顯得很別緻。

這也是久保田敏昭的作品。編法非常仔細而美麗，底部比開口略寬的設計展現出安定感。

野澤溫泉的三久工藝久保田敏昭的木通籃子。很適合野餐使用。

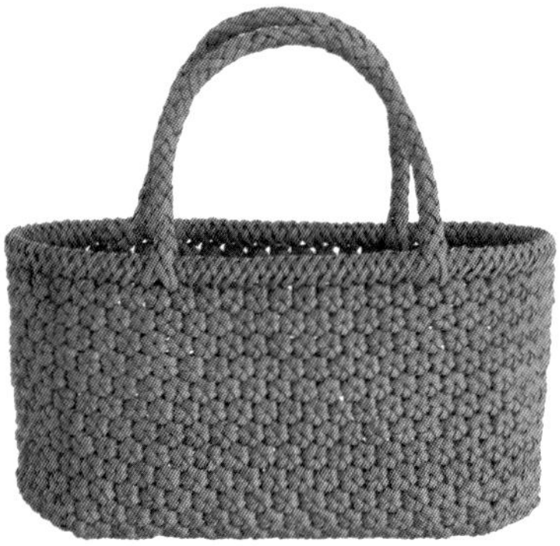

這個用木通編織而成的籃子，是籃子作家酒井逸子的作品。因為網目形狀像花一樣，也被稱為花結。

沖繩的籃子。在那霸的牧志市場買
到的。這種籃子會因為製作的地方
而有不同的樣貌，非常有趣。

因為稍微有點高度，就把它拿來當
作濾水的器皿。也拿來當作蕎麥麵
篩籃，根曲竹的排水性相當強。

在飛驒高山的古董店堆出灰塵的筆
洗，內側貼著的紙已經斑駁脫落，
將它洗淨後又重生了。

像雙柄鍋形狀似的籃子，用來裝水
果或蔬菜。手力屋的中川綱昌所
做。

我對這個六角形的形狀一見鍾情。
用竹子捲出圓滾滾的網目，是非常
稀有的編法。穿浴衣的時候攜帶。

用戶隱的根曲竹編織而成的提籃，
是手力屋的產品。充滿了宛如過去
「購物籃」的風情。

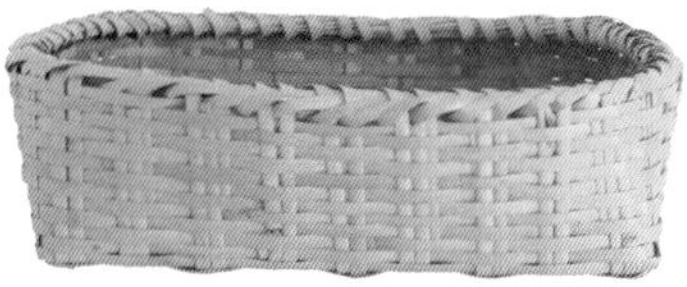

在沖繩讀谷村的休息站所賣的籃子。我很喜歡這種非常有
南國味道的豁達感。放在洗衣機上面裝洗好的衣物。

市場籃是在輪島的早市買的，儘管長年用來買東西或是拍
照，仍非常堅固不會變形。

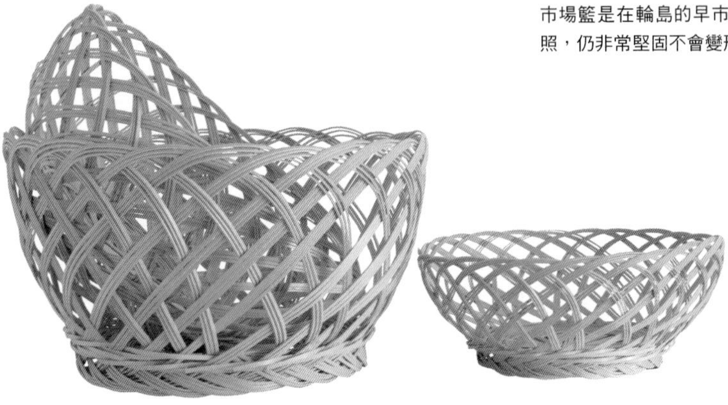

像洗滌籃般令人懷念的外形，是吉田佳道的作品。如同所
見般有著光滑觸感，表裏皆一根根削圓了。我買了三個大
中小一樣形狀的。

外國製的籃子

這是網目之美與整體樣貌讓人看到的時候會忍不住讚嘆「做得真好」而迷戀不已的籃子，是芬蘭的古董。

這個手提籃是芬蘭的古董。我會搭配洋裝拎著它出門。

英國的古董。用來代替裁縫箱，放碎布、剪刀、針包在裡面。

看到這籃子的形狀時不知道為何就買下了。稍微有點小，我真的很喜歡「提籃」的造形。

在巴黎的跳蚤市場發現而一路抱回家的籃子。我發現我的旅行歸途上總是帶著籃子一起回家。

幾乎可以放進嬰兒的大籃子，是英國製的古董。平常是放著羊毛毯擺在客廳裡。

這個為了讓麵包發酵的籃子，在巴黎的道具街買的。買下它的關鍵是包在內側的麻布的格紋。

十幾歲的時候拿零用錢買下的法國製柳條籃。25年來一直跟著我。

在「10cm」的選品展中一見鍾情的籃子。雖然是古董，但因為編得很紮實，非常牢固。

在選品店發現的法國製古董籃子。我很喜歡提把的圓形部分。

在巴賽隆納的市場買的，雜亂的編法也很有味道。因為尺寸很小，平常拿來放抹布，放在廚房的角落。

籃子口部分的貝殼狀真的是太可愛了。因為有附蓋子，把亂亂的東西放進去的話，房間就會顯得很整齊。

這個縫著閃亮亮的亮片菜籃是摩洛哥製。搭配牛仔褲、T恤等輕鬆的打扮時使用。

黑色的提把很顯眼，這是法國的籃子。很適合搭配洋裝或是有跟的鞋子，打扮時髦的時候常常拎著它。

因為是奢華的設計，不太能夠放重物，但是是提著就會讓人覺得開心的籃子。有點穿透的模樣很可愛。

大尺寸的長方形竹籃，出身地好像是亞洲某國。

用芬蘭的白樺皮編成的籃子。越用越呈現出焦糖色。在輕井澤的natural買的。

只是稍微出門的時候，這個可以裝入錢包、手機和鑰匙的籃子大小剛剛好。是用非常優雅的材質編織而成的。

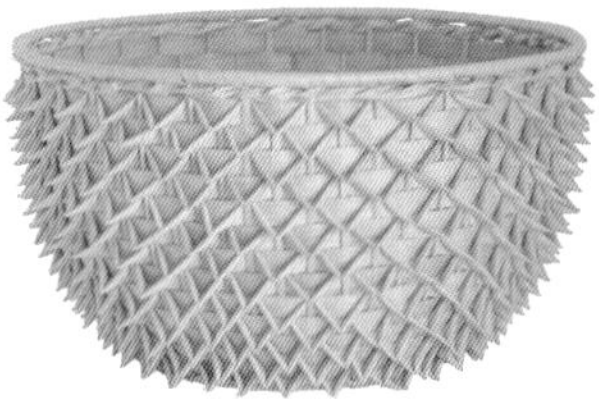

在IKEA找到的籃子，女兒小時候會把正在玩的玩具收在裡面，放進壁櫥裡。

在巴斯克的市場發現的摩洛哥製籃子。長方型又容量大而且很牢固。在日本有找到一樣的籃子，又買了一個。

來自英國的禮物。DAYLESFORD的籃子。內側有襯布，提把是皮革，縫出logo的網眼等顯現出精細的手藝。

劍麻的包包雖然有賣不同的顏色，但我喜歡自然色。我把它放在車子裡，當作購物籃來用。

寬度很寬、容量大。是裝著器皿和布料去拍攝時的寶物。因為很扁平，所以不會佔收納的空間。

篠竹細工

在松本市週邊摘採、量非常少的篠竹。用這種竹子來製作籃子、篩籃等細工，在信州稱為「篠竹細工」。

連被稱為是篠竹細工最後的職人中澤今朝源都這麼說：「這個沒有一點功力是編不出來的喔」，篩籃的螺旋狀網目非常美。據說是用來濾味噌的。

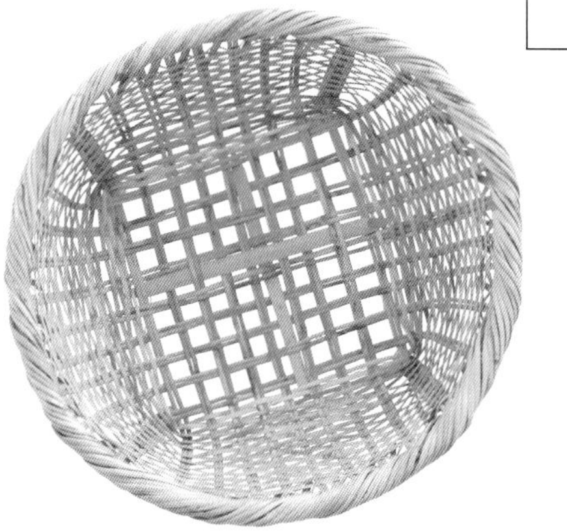

篩籃有四個牢固的腳，我很喜歡中間網目的樣子。在上面鋪上葉子等，裝著炸好的食物或飯糰實在是太棒了。

這個篩籃從側面來看有著外形很美的高臺。放在地板上的話，也可以充當一下小桌子，非常珍貴。

曾經被喜歡籃子的友人猛烈追問「這是在哪裡買的」，一個有著奇特形狀的籃子。我有兩個不同大小的。

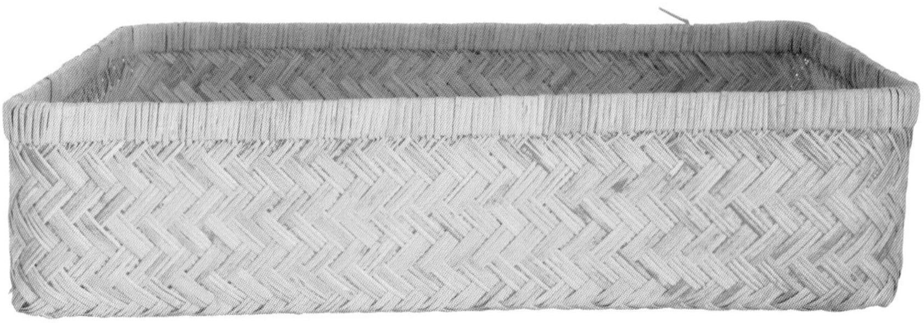

因為是用來裝換洗衣物的，所以稱為雜亂箱的籃子。當有客人來的時候就把它放進床底下。

用來研米或將蔬菜的水濾掉用的籃子。竹細工在使用完畢後仔細擦乾是很重要的，雖然多少有點麻煩，但用的時候會覺得心情很愉快。

這個稍微有點小，裡面放橘子之後放在桌上……，這個手掌大籃子被疊起來收在餐具櫃裡。

這是在正月用來研米用的篩籃。光滑的表皮包向內側，是為了讓放在裡面的東西不會刮到吧！

直徑60公分左右很好用的尺寸。放進根莖類蔬菜，放在廚房地板上。

因為底的部分用了比較粗的篾條來補強，所以非常的堅固。深度也夠，非常具有安定感。

＊來自對於松本市篠竹細工很有研究的讀者，指正我們這裡面有一些並非篠竹細工的產品。
非常抱歉在此更正，中段右邊與中央的籃子，以及下段的兩個籃子並非篠竹細工。

籃子的使用方法五花八門

白色的鐵絲籃是法國的瑕疵品。因為很纖細，像這樣裝飾在牆壁上也很有趣。

可以放入好幾條厚毛毯的大籃子，是在倫敦買的。我把它折起來放進行李箱裡層層包裹後帶回來的。

在IKEA買的兩種籃子，用來裝玩具。與小孩子房間的氣氛非常搭配。

有蓋子的籃子裡面裝的是鈕扣。散亂的手藝用工具也會用籃子來整理。

直徑應該有80公分的大籃子，是在松本的藝廊LABORATORIO買的。用來放衣架、亞麻被單。

在有腳的篠竹細工籃子裡放進洗好之後稍微擦過的餐具，等到完全乾燥之後再收入餐具櫃裡。

瑞典的鐵籃子，尺寸很大，所以裡面用來裝床單等佔空間的待洗衣物。

野餐會帶出門的是英國的古董籃子。在家裝好茶、餅乾、麵包等東西後帶出門。

在台北的市場買的籃子。裝入伴手禮後整個當作禮物送人。在家裡是像這樣裝著亞麻的廚房抹布。

飛田和緒的籃子

海邊的濕氣好像很難對付。
雖然是很多年前的事了，
搬家後的那個夏天
很喜歡的籃子竟然發霉，
結果就不能用了。

文—飛田和緒
攝影—公文美和
翻譯—Frances

為什麼會熱愛籃子和篩籃呢？

我想可能是小時候就很習慣使用的關係吧。竹或藤邊的籃子編織出的凹凸觸感和模樣、優雅的柔軟度讓人無法不愛上。

要說我小時候接觸到的籃子，應該是媽媽掛在手腕上、一邊走向商店街，沿路向肉攤買肉、向蔬果攤買蔬菜的那個。那個時代沒有像現在這麼方便的超市，到小雜貨店買東西是理所當然的。當然也沒有超市的塑膠袋，在我的記憶裡，大家買東西都是帶著購物袋或籃子。我非常嚮往拎著圓圓的大籃子、一個接著一個把東西放進去的樣子。

在我所居住的東京住處，有位週一都會來賣東西的老婆婆，她會帶著一個很大的四方形籃子來。打開籃子，除了有新鮮的蔬菜和水果，剛搗好的麻糬，或是軟軟的地瓜乾等，一個接著一個從籃子裡出現。

雖然這不像是在巴黎的市場買東西一樣那麼時髦又漂亮的東西，但當時的我或許對於媽媽的購物籃，或是走賣的老婆婆的籃子，都滿心期待一定會出現好吃的東西吧！

外出旅行的時候，藤製的大提籃就是我的旅伴。我和妹妹會買小的籃子來裝娃娃的衣服、鞋子。

像這樣長久以來都那麼熟悉、一直使用著，所以即使長大成人之後，也不曾離開過籃子。我希望籃子總是在我身邊。

總之，看到籃子或篩籃，心中都會欣喜若狂，然後變得很想大肆購買。特別是在旅行時發現籃子的時候，就會衝動購買。買籃子，然後再買一大堆東西裝滿籃子，所以都會買到多出一個手提行李。

買的時候沒有什麼特別的講究。大概就是可以很快乾這點吧？篩籃都用到不會收起來，越用色澤越好看，也越來越順手。籃子如果放著不用，網目就會積出灰塵。這時候就用刷子刷，再者就是要避免濕氣。

對了，我從東京搬到海邊的那年，進入梅雨季時，篩籃和籃子立刻長出了青白色的霉，讓我嚇了一大跳。聽當地的人說，會有濕氣突然激增的日子，那一天就叫做霉之日。從那時起我和濕氣的戰爭就開始了。

穿和服的時候帶出門的提籃。籃子作家大橋郁子的作品，內側的襯布是安藤明子所做。

竹籃

別人送我的附蓋籃子。平常拿來放點心，有時候也會當作便當盒。

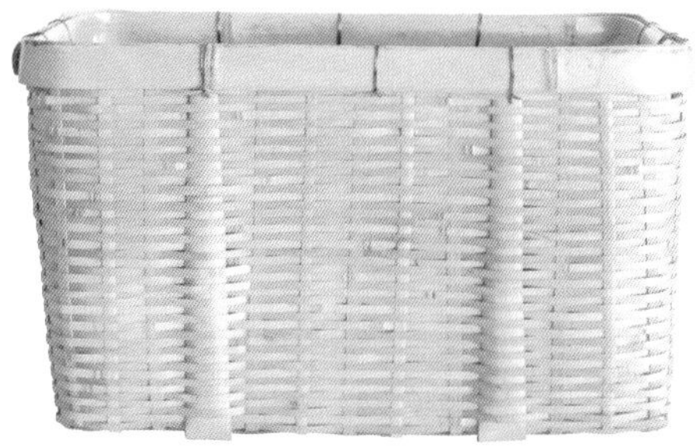

購買處不明。曾經拿來放文件、當作車廂裡的收納籃，現在則是放根莖類等蔬菜。

根曲竹的橢圓形篩籃也很好用。也會拿來放濕毛巾。

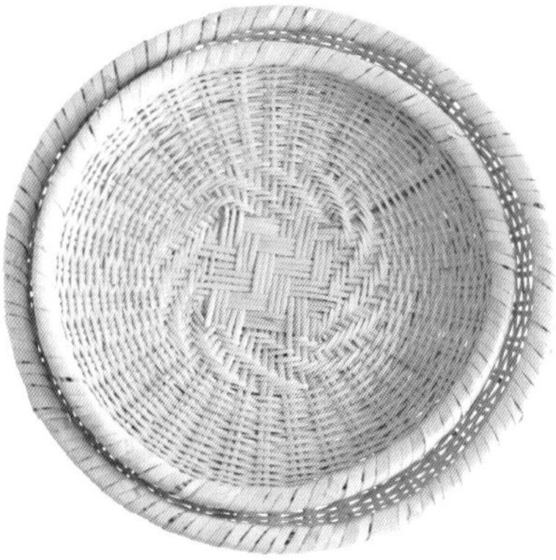

根曲竹的篩籃。為了到海邊來的客人，常常用來裝大盤的麵線或蕎麥麵。

在戶隱買的根曲竹篩籃。這個大小用來裝一人份的飯糰和醬菜非常方便。

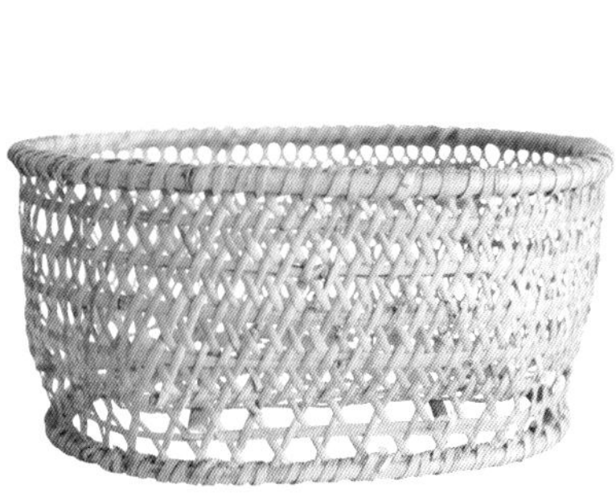

放水果蔬菜或是抹布，洗好的餐具也可以放在裡面，用法很多種。

在戶隱買的便當盒。便當盒裡面可以放入裁縫工具，或是放藥物、收納工具等，是非常實用的寶物。

朋友給我的禮物。雖然是研米用的篩籃，但是因為周圍很柔軟，可以讓米不會碎掉而磨得很細緻。

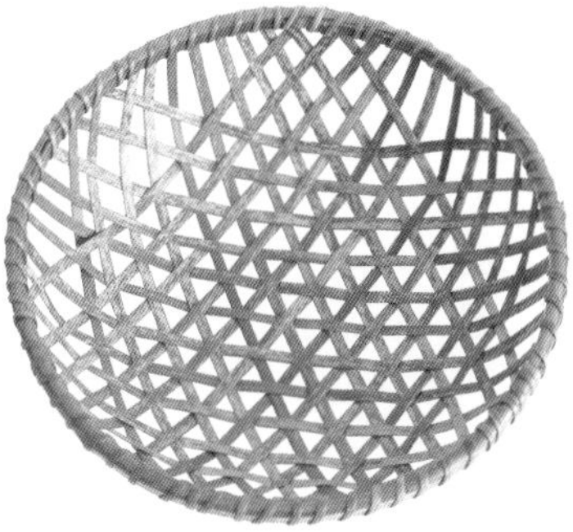

在The Conran Shop買到的。當作購物籃或是到海邊、山上散步時，當作食物籃來裝便當。

戶隱的篩籃。因為是吃蕎麥用的，所以有架高，可以將蕎麥麵的水濾掉。

裝水果，有時也會鋪上葉子，拿來裝剛煮好的飯。

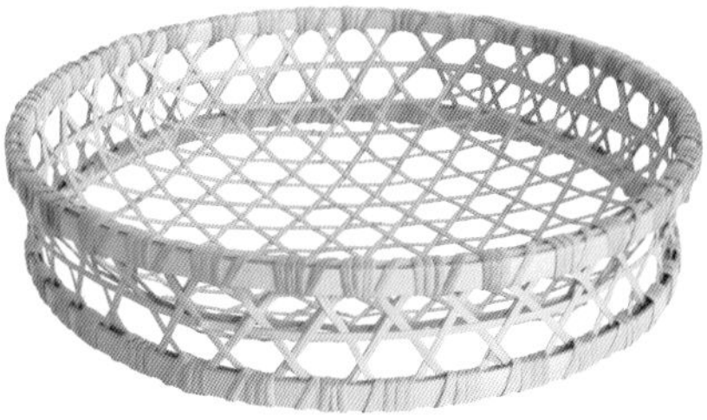

因為網目比較大，會用來裝吃火鍋時的料，或是裝飯糰。

這個大尺寸的篩籃在稍微風乾處理蘿蔔、小黃瓜或番茄時用，或是要曬梅乾、乾貨、柿子乾、小魚乾時會用到。

各種材質的籃子

以前常用來裝便當，但現在是裝茶道的工具。

在The Conran Shop買的。經常當作購物籃使用。

購買處不明。女兒去洗澡時會在裡面裝乳液或棉花棒等。

買東西或收納時會用到，有時候會裝入等著要燙的衣物，或是縫紉縫到一半的布等。在各種情況下都很好用的一個籃子。

用香蕉葉編成的籃子。夏天出門的時候會用到，但因為太常使用，提把有點不行了。

agnis b.。外宿一晚的旅行時，行李就裝進這個袋子裡。不只夏天，一整年都會用。

木通編織的籃子，以古布來做內袋。細緻的編法讓人一見鍾情，不論什麼季節都會帶著出門。

這是我買的第一個木通藤蔓編織的籃子。已經用了20年以上了，絲毫沒有損壞，真的很牢固耐用。夏天外出時用。

夏天出門的時候，特別是穿和服或浴衣時會用到它。因為邊緣的部分壞掉了，打算拿來裝小東西。

在夏威夷的雜貨店買的。到海邊或是游泳時會用到它。我喜歡這個籃子可以裝很多東西進去。

店頭陳列著黃綠色、紫色和紅色的籃子，這三色並列在一起非常可愛，毫不猶豫就買了。

長方形的形狀收納很方便就買了。現在拿來裝和服的飾品與必要的小東西。

因為紅色太顯眼，買來之後還沒機會亮相，長時間收在壁櫥裡，不過最近女兒拿出來用了。

在夏威夷的雜貨店買的。很喜歡它粗略的編法和提把的圓形設計，於是就買了。

駕車旅行時，或是到海邊、泳池時用的包包。因為很大，只要把東西統統裝進去就可以出門了，讓人十分開心。

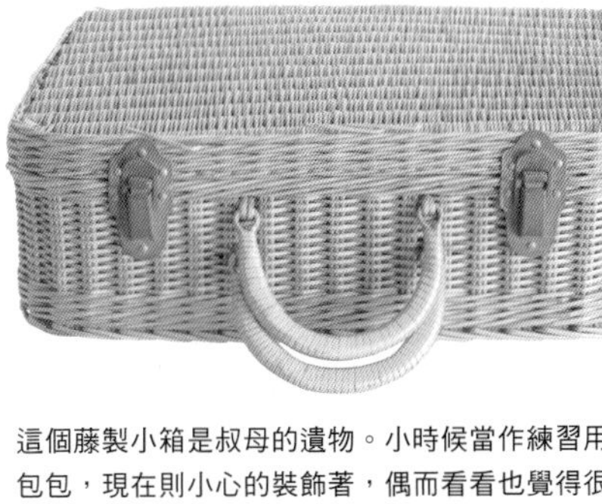

這個藤製小箱是叔母的遺物。小時候當作練習用的包包，現在則小心的裝飾著，偶而看看也覺得很愉快。

伊藤正子送給我女兒的籃子。夏天出門的時候會用到。

鐵線編織的籃子裝的是紙巾或是做便當的各種工具等小東西、或剪成小塊的舊布或抹布。

籃子的使用方法五花八門

幾乎一整年都在陽台曬乾物。把澀柿切圓片噴上燒酒後曬乾的話，就會變成很甜的柿子乾。

蔬菜曬過之後美味與甜味都會大增。生香菇也曬成乾香菇，可以保存比較久。

蒸過的地瓜直接吃是很好吃，但是如果切成薄片曬乾，地瓜乾的甜味妙不可言。

把穿過的舊T恤剪成小塊放進去，當作用過即丟的抹布。

與右邊照片一樣的籃子的小型版。拿來裝針包與線，不管拿到哪裡都可以用。

與女兒一起去海邊的時候用來裝便當的籃子。籃子的便當盒裝不需要蒸過的食物剛剛好。

紅色的籃子裝熨斗，左邊的籃子則是放準備要燙的衣物。是我的燙衣組合。

茶道練習時的用具都裝在同一籃裡。練習的當天只要把這個籃子提進車子裡就可以出門了。

穿和服時的一整組配備，足袋、和服內衣、繩類等全部裝在一起，就可以不慌不忙的穿著了。

器之履歷書⑫

三谷龍二（木工設計師）

手搖音樂盒

文・攝影——三谷龍二　翻譯——王淑儀

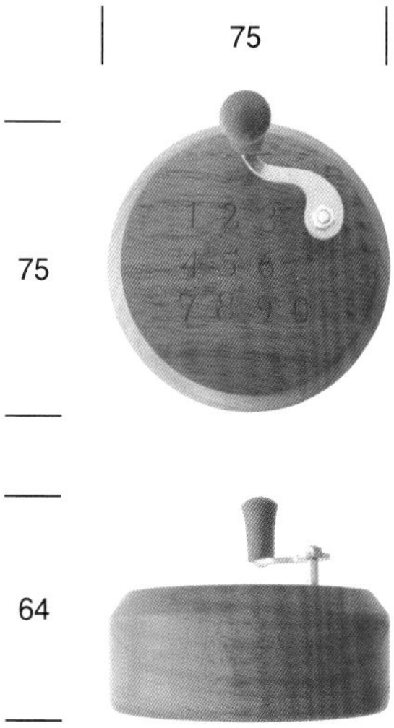

材質→黑胡桃木
音樂盒→瑞士REUGE

一轉動這個音樂盒，又清楚地回想起製作它時的情形。

不知不覺我從事木工的工作已超過30年，這些日子以來所製作的器物或道具至今已累積到相當的數量，我一一給予編號的作品現在已超過兩千，當然這其中有些是同樣的東西，只是尺寸大小、使用材質不同，所以實際的品項數量可以大大壓縮，但回頭想想，時間還真是我們積累成果最大的力量呢！

這個手搖音樂盒是編號一號的作品。在它之前我也做過胸針等等的物件，但是從它開始我才想到要為作品編號，而此時我開始工作將近十年，我想應該就是這個音樂盒讓我有了找到從今以後所想要從事的工作、為自己定位之心情。

音樂盒內部的機器是瑞士Reuge所生產。我試聽過各式各樣的，包括日本自製的音樂盒機械，而這一款柔和的音色最得我心。此外，機械的構造不是扭轉發條後讓它自己跑而是由使用者自己手搖曲柄，這一點也是我特別喜歡的地方。使用者依照自己的喜好調整手搖的速度，直接影響到它譜出曲子的快慢，給人一種演奏樂器、使用者也是演奏者之一的樂趣。

不過原本機械所附的手搖柄端是白色塑膠製，怎麼看都有種廉價感。因此我將塑膠的部分以細雕刻刀剔除，再另外製作木頭的小套件緊密地套上去。那套件的材質是常被用來製作音響的黑胡桃木。胡桃木是很堅硬的木材，但與櫻木等相比，質地不會過度緊密，可適度讓音波穿透、傳導出來，就算將整部音樂盒的機械都包覆住，也不會將聲音悶在裡面。表面上油之後，美麗的木紋浮現，呈現出其獨特的暗紫色調，散發出一種靜謐、沉穩的氣質，與聆聽音樂時的心情很搭調。那感覺很像是去朋友家玩，發現人家家中有鋼琴、大提琴等樂器，忍不住想像音色充滿這個空間時的情景，而我光是將這個音樂盒放在家中，也有這種滿足的心情。

樂器的美包含著機能美，它並不是一般的木製品，只要求外形的美麗，而是完成後，能否演奏好音色才是製作上最大的難處。因此樂器製作者並不僅要有木工的技術，還需要深刻理解音樂，得要在技術與感受性上不斷精進，才能達到演奏者所要求的音色。對完美樂音的追求，會直接反映在外形之上，成就出精準、簡約的作品。

這個音樂盒也是一個小小的樂器。當時木工經驗尚淺的我，像是仰望著在高空中飛舞的鳥兒般，心想著要這樣美麗的樂器是如何創造出來的？我在完全沒有概念的狀態下開始接觸木工，想要做出像樂器這樣能夠長遠地受人喜愛的物品。我心中一直一直想著這件事情，好幾次換做不同形狀的東西，吟味著何謂完美無瑕的作品，最終完成的便是這個音樂盒。

表面上刻了0到9的數字，但其實並沒有什麼意義，我只是想像著將這個音樂盒拿在手中搖動木柄時的心情，那可能是忙碌的工作中稍微休息的片刻，或是有些時候感到疲累，而想要從所有有意義的事情中抽離、想要放空之時。數字雖是有嚴謹的意義，然而單純排列時並不代表任何意義，因此裝飾在這個音樂盒上，使它展現出無憂無慮的表情，帶給人一種不可思議的感受。

料理家細川亞衣的私房食譜㉒

熊本的日日料理

熊本西傍有明海，
東倚阿蘇山，
是有山有海的溫暖土地。
細川亞衣的餐桌上
因而有了山珍海味來豐富。
這一回便以阿蘇山的恩賜
來做料理。

料理．擺盤—細川亞衣
攝影—日置武晴　翻譯—王淑儀

在日本我本來是不吃牛肉的，但後來到了熊本之後竟然愛上牛肉。特別是赤牛的野味，彷彿就是轉化了牠們所放牧的阿蘇一帶山野的味道。

托斯卡納的牛肉舖教我煎牛排要配鯷魚醬，以及在皮埃蒙特生活時學會做的，甜甜的烤甜椒沾香蒜鯷魚熱沾醬（Bagna càuda）這樣的組合，對我來說不僅是黃金搭配，將這兩道菜放在一起，更是最棒的餐點。想像著盤中那各種紅色吃下肚、化為自己的血肉之景色，也許就是這道料理的醍醐味。

■材料（4人份）

赤牛肉（前腿）	4塊
紅椒	4顆
大蒜	2瓣
辣椒	2根
鯷魚	4片
初榨橄欖油	4大匙
紅酒醋	4大匙
粗鹽	適量

■作法

赤牛肉在料理前先從冰箱中拿出來退冰到室溫。

紅椒以烤箱高溫烤到整個外皮都成黑色之後放涼，剝去皮膜，去籽。

大蒜去皮與芯，拍碎，取一小鍋倒入初榨橄欖油，開小火將大蒜末爆香後熄火，加入鯷魚均勻翻拌。

將赤牛肉放進已熱好的煎烤盤或平底鍋上煎。

牛肉煎好後以溫過的盤子盛裝，並在溫熱之處，保溫並放置一下，將肉汁鎖在裡面。

煎烤牛肉的湯汁與烤紅椒留下來的湯汁混合並加進紅酒醋一起煮滾後，淋在盛著牛排與紅椒的盤子裡，撒上粗鹽即可上桌。

煎牛排佐烤紅椒

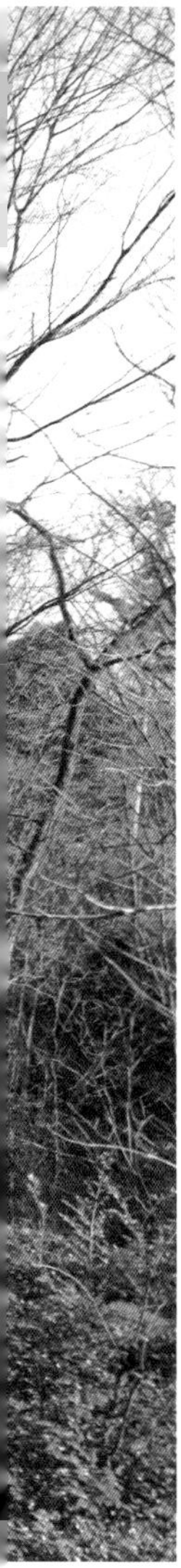

自製的招牌迎接著訪客到來。

以大儲水桶代替水槽。

桃居・廣瀨一郎
此刻的關注㉗

探訪 山野邊孝的工作室

福島縣磐城市在311大地震中受到嚴重摧殘，山野邊孝的工作室幸運地因位於高台上而無損傷。現今雖然土壤與柴薪仍有輻射污染的問題，但山野邊孝仍積極往前看，持續作陶。

文—廣瀨一郎　攝影—日置武晴　翻譯—王淑儀

若說要用一個字來形容山野邊孝的陶器，腦海裡浮現的是「素」單一個字。捨去多餘的東西，排除所有裝飾的要素，往陶土這個素材的本質靠近的同時，靜靜地將「人」的體感埋進去，山野邊孝做的僅是如此。在他的作品上我感受到的不是站在上方支配著陶土的「作家意識」，而是將土視為自然賜與的禮物（贈品），與其深度交歡的姿態。

不過，話說山野邊孝當初從事這項工作時，其實並沒有意識到要朝著往更簡潔、俐落的目標去追求。大學時代學的是土木工程，畢業後在建設公司當了一年左右的上班族之後，山野邊孝選擇了要以自己的手創造東西的生活。因緣際會之下，他到了笠間拜一位陶藝家為師，接受陶瓷器製作的指導，3年後獨立，在笠間的一間寺廟借了一小塊地方，作為他的工作室。

當時在90年代末期，日本的泡沫經濟已告終，然而在陶瓷器的生產地還殘留著好景氣的餘溫，山野邊孝發表以織部燒為中心的作品比想像中還更加搶手，對他而言是一帆風順、好的開始，卻也讓不安的情緒一步步朝他靠近。

「我真的在做自己想做的作品嗎？」

樹林環繞的工作室非常安靜。山野邊孝以及與他共用工作室的妻子朝奈兩人的車一前一後停著。

會這麼想是因為他發現自己的作品漸漸成為並非被放在餐桌上使用的器皿。

一個獨當一面的陶藝家是不可以做跟別人一樣的東西，總得要有一、兩個不同味道的獨特處才行。他感覺自己並沒有實踐著當時從事陶藝的初衷，漸漸地弄壞了身體，精神狀況也陷入不安定。

為了調整自己，他一邊工作一邊去整骨，並且對過去不太會接觸到的繪畫、雕刻產生興趣，開始聽音樂、閱讀人文書籍，從此，慢慢抒解開來。

「至今我太依賴眼前所見之物，應該更直接去感受眼睛所未見的才是。若不啟動心深處的感應能力，就做不出好的作品了。」

確實他初期的作品雖極富才氣，但也有不少的作品讓人感覺到他已江郎才盡。有很多人是以才氣為最大賣點，順應著趨勢去製作，然而山野邊孝卻將才氣封印起來，不惜丟棄

架上是山野邊孝做的器皿以及朝奈的琉璃，以及他們兒子的照片。

享用了他們自己做的蛋糕跟茶。
器皿全都是山野邊孝的作品。

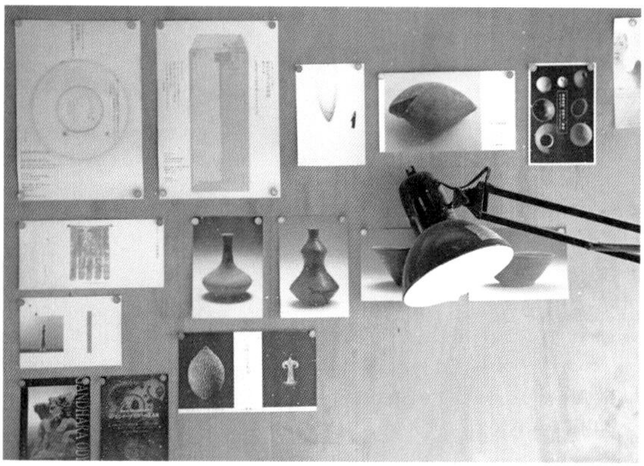

牆上貼著他們有興趣的器皿或繪畫的照片、設計圖。

電動轆轤旁是腳踏轆轤，目前正在特訓中。

自己所打下的天下。

山野邊孝重新思考了工藝的原點，他認為工藝是「自然」與「人」相遇的地方，是「土」這種素材的自然性與人對於塑形的意志之介面。他告別了過去將土視為一種表現才氣的手段的自己。

自2008年起，山野邊孝的作品就漸漸產生變化，朝著現在我們看到的這種「素」的陶器演變。同時期，他認識了在和歌山主要製作南蠻燒締的作陶人森岡成好、由利子夫妻，對他來說也是很重要的大事。他們邀請他一同以柴燒製陶，因而創造出由土、火與柴薪這些自然之物混合才能成立的自然陶器。同時，森岡夫婦為他示範了人所能有的包容度與深度，影響所至是創作上會顯現作者本人的特質這個單純的事實。

因此他深深地相信，不論再怎麼費心在表面工夫，物的本體上一定會「素」顯現出製作者的本性。換個角度來看，自己會成為怎樣的人，是他的一大問題。怎樣才是「素」的自己？怎樣才是「素」的陶器，這已成為山野邊孝的一大課題。每一天都是思考這個大哉問之下，充實的日子。

2011年3月11日東日本大震災

成形的器皿放在桌上時會產生微妙的歪斜，這也是山野邊孝作品的一項特徵。「我最喜歡的是使用轆轤時的感覺」，手上的作品一個接一個地成形了。

手一碰上柔軟的陶土，不久後器皿的形狀便出來了。

中，栃木的工作室亦受到侵襲，之後山野邊孝對陶器的態度一點都沒有改變，甚至更加堅定。

「我完全不再想做出讓人驚豔的作品，震災後，我強烈地想要製作對人有用、有需要的陶器。當在許多人的幫助之下重新展開工作時，我發現到這件事。就像人不可能一個人獨活，物件也是，單獨存在並沒有意義，一定是要有誰需要它，才真正地給了它生命。」

山野邊孝的「素的陶器」，總給人一種感覺，就是他的認真為人。那是面對生的無常以及與大量的人來往而仍能保持自我的認真。不論發生什麼事都不會改變的正直、認真，在他所創作的「素的陶器」之深處，暗自發光。

山野邊孝

Takashi Yamanobe

1973年生於福島縣磐城市。大學專攻木土工程，畢業後曾一度就業，後來因接觸到陶藝，離開職場。1996年開始師事於高野利明，後來又進到到茨城縣窯業指導所學習，於1999年獨立。2000年於磐城市設立工作室，與身為琉璃作家的妻子能登朝奈共用同一間工作室，過著創作的每一天。

呈現原土及天然灰燼之味素的陶器

磐城市在311大地震之後留下了巨大的傷痕。山野邊孝說這是大自然告訴我們，祂的美、祂能夠給予我們撫慰的同時，祂也是巨大到人類所無法駕馭。即使如此，人類仍然是在大自然寬大的懷抱之中，依偎著祂而活。這個呈現出原土的味道、以轆轤慢慢拉出形狀的大缽，也傳達著山野邊孝這樣的思想。

大缽
■直徑31×高8.5cm

大約在6年前，山野邊孝有機會密集地觀察古瀨戶的瓶子。古瀨戶受到宋瓷深遠的影響，但卻多了中國瓷器所沒有的溫度與沉穩，成為日本陶瓷器的源流。山野邊孝因而決定將自己的創作根基於此。這個瓶是以鐮倉時代的瓶子所具有的穩固而有張力的造形為範本，施以大量的天然灰燼所製的灰釉，成就出那令人想一再吟味的釉色溫柔地包覆著宏偉造形的作品。

瓶子
■直徑18×高29cm

桃居
東京都港區西麻布2-25-13
☎+81-3-3797-4494
週日、週一、例假日公休
http://www.toukyo.com/
廣瀨一郎以個人審美觀選出當代創作者的作品，寬敞的店內空間讓展示品更顯出眾。

很適合配香檳

整整齊齊的放進去

公文美和的攝影日記㉑

美味日日

在牛排之後

做泡菜

喝茶時間的美感

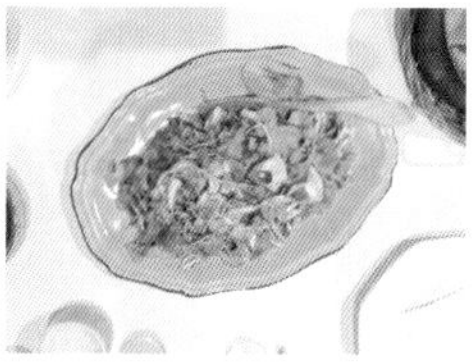
花枝沙拉

saorisweets

很美的包裝

漂亮的味道

動物園的咖啡

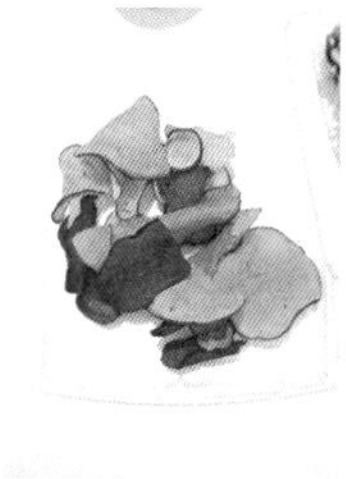
各種地瓜片

紅豆最棒了

漂亮的店裡

不愧是和果子

籃子

大谷咖啡

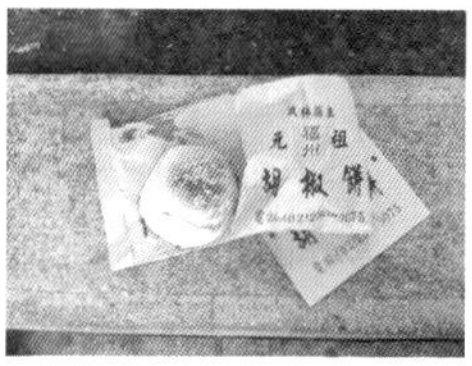
好燙好燙

好小的水餃

脆脆的

酥酥脆脆

仙貝

等等要來吃刨冰

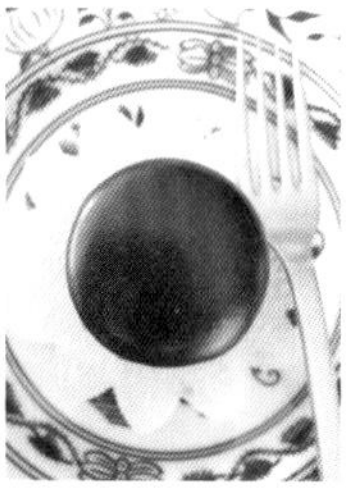
巧克力好濃郁

連沙拉都好吃

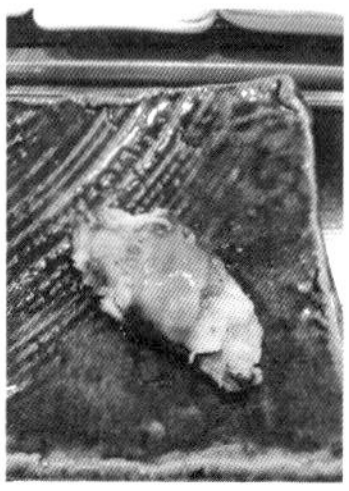
菊壽司

伴手禮

餡料十足

麵的祭典

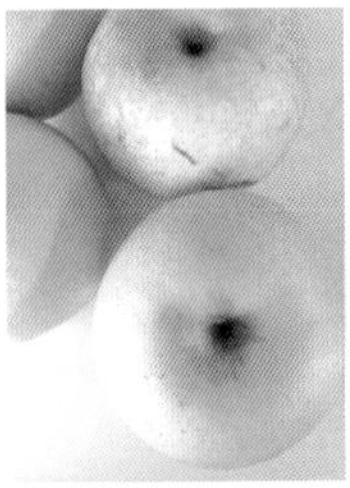
高知的梨

路邊攤太棒了

好想再吃到

炸雞

砂糖罐

絕品的煙燻起司

挑戰吃光光

楹桲

名古屋和果子

市場的醃醬菜

早上六點

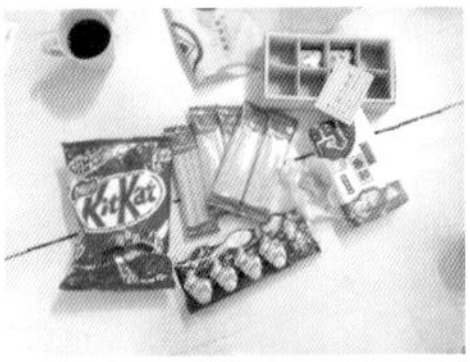

有很多甜食

如果買多一點就好了
①

BAR Baffone

從老家帶回的花

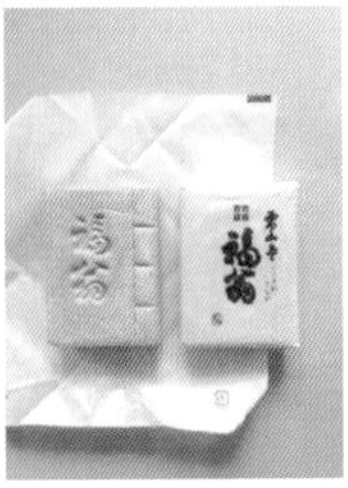
大分的伴手禮

月餅

如果買多一點就好了
②

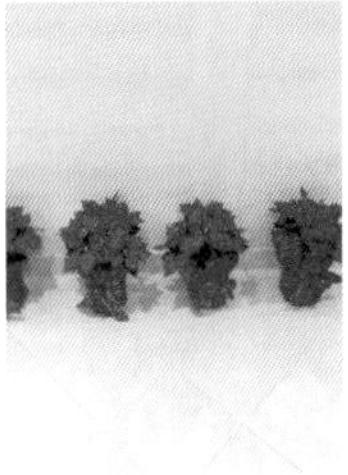
麵包店出口

秋色

理想的糖醋豬肉

原學校的咖啡

很適合配葡萄酒

配上冰咖啡

在上田發現它

土佐赤牛

神的設計？

路邊攤

水果之美

34號的生活隨筆⑲

包粽子

圖・文—34號

會包、有時間包粽子的人越來越少，於是每到端午販賣粽子的店家一年比一年多，內容物更是百家爭鳴一年比一年豪華豐富，甚至有聲稱六星級的豪華粽，為了將所謂高級食材如鮑魚、干貝、山藥、花菇，甚至東坡肉都一網打盡，已經變形成方形大如碗公的巨碩模樣。也許送禮很有面子，也許好奇嚐鮮會想試上一試，不過，真要問起心目中最好吃的端午粽，相信每個人的答案都是自家媽媽包的才是第一！

每位媽媽都有自己的包粽獨到配方，有的不能少了水煮花生、有的喜歡鮮香蚵乾、有的一定要有鬆軟的栗子、有的一定要蘿蔔乾、或一定不要蘿蔔乾……，媽媽的包粽密碼，每家都不一樣，一樣的是費心力與時間的準備：端午前花上好幾天備齊食材；該發、該泡、該滷、該炒、該爆香，通通準備好，洗好粽葉、架起竹竿，一顆顆填入米飯，按照心中的比例將餡料放好，熟練的手勢與恰到好處的力道，將粽葉折起綁得穩妥，掛起一串串的豐盛，承載著全家人的期待。

一個每邊不超過10公分長的三角形粽子，米飯與餡料的比例必須恰到好處，米飯太多餡料太少或顯寒酸，餡料多了又膩口，雖是分開準備的各色餡料，但是鹹淡搭配也得互相考慮，蒸煮之後，粽葉香與米香交融，一口咬下是沾了滷肉汁的米飯、下一口或許是蛋黃、隱味裡有豬油爆香的紅蔥，包粽主婦的智慧展現在這多麼了不起的小小一方。

我的媽媽雖然廚藝不錯，但偏偏對包粽子很不拿手，最後一次媽媽包粽子，應該就是妹妹考高中（或大學？）前，為了讓考生「包中」而包，完成任務之後，媽媽的包粽事業就此收山。懷念家裡的粽子味兒，也嚮往五月節時家裡有過節氣氛，於是在我有了自己家庭的第一年，憨膽新手主婦決定自我挑戰，找了各種食譜，搭配出自己喜歡的口味，無人指導下歪七扭八但熱血沸騰的包了

選擇傳統藺草而非常見的棉繩用以綁粽，在蒸煮時會隨著熱氣飄散出微微草香。

麻竹葉在日曬時以竹片壓著以防被風吹走，因此留下竹片的曬痕，是天然日曬的證明。

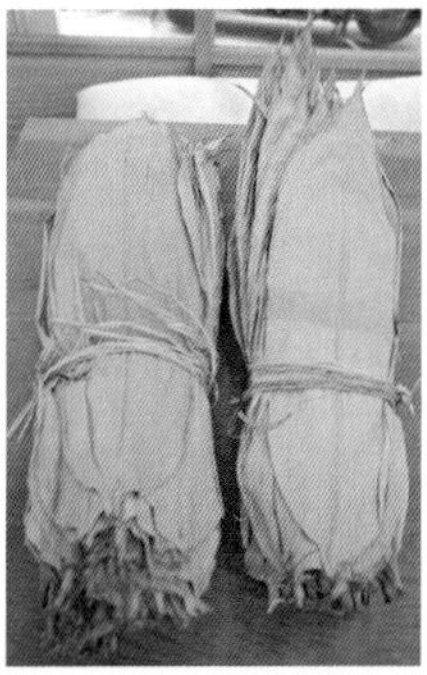

粽葉經過水洗後呈現原始的綠色，也可看出因日曬角度不同所呈現的顏色漸層。

一串十個肉粽，興奮的帶回娘家讓大家品嚐。結局很慘，我的端午粽處女作，鹹得必須一直配水才勉強吞得下，我都忘記是怎麼逼迫大家吃完那十個肉粽的（笑）。

距離我驚人的處女之作已經好多年了，今年再次挽起袖子，決心要將粽子學好，希望能為自己的家留下端午粽的記憶，也讓我們家從此有自家粽的獨特口味。總是上山下海尋找在地好食材的阿嬌老師，即將而來的端午節前，初夏的某個下午，帶著四處蒐羅來的本地食材，大方傳授我們她的包粽技巧與配方。

先從粽葉說起吧，一般我們能買到的市售粽葉多為進口的桂竹葉，由於海運進口為防蟲防潮而須噴灑二氧化硫，雖說二氧化硫在氽燙後多可去除，但使用本地粽葉更能符合無添加以及縮短食物里程的概念。阿嬌堅持使用現今較難尋得的台灣日曬麻竹葉，日曬麻竹葉的特色是曝曬時以竹片夾著防風吹走，所以有的粽葉上會有竹片的曬痕，以及因為日照角度的關係，粽葉也或有顏色不均，但這都是天然的證明，除此之外，綁粽選用天然帶草香的藺草，而非棉繩。台灣早期米糧以原生種秈稻為主，秈稻高纖低澱粉，日治時代以粳稻為主食的日本人來台因為口感吃不慣，所以在陽明山研究種植出現今我們餐桌上可見的蓬萊米；蓬萊米澱粉含量較高且黏糯，只是現代人飲食精緻、營養過剩，食用秈稻反而能有更佳的飲食平衡，況且秈稻才是台灣原始自然風土最適宜的農作，於是阿嬌的粽子選用台灣原生種秈稻與池上紫米混和。其他嚴選的台灣食材還有一顆顆手打去殼，而非市售已經去好殼的本地鹹鴨蛋的蛋黃，本地黑豬肉慢慢低溫榨成豬油，以此豬油耐心小火炒出噴香的紅蔥酥。東部豬農親飼的山豬肉，由阿嬌家裡搭窯製成煙燻培根。池上農家自種，冬陽下曝曬，一整個蘿蔔完全沒有切割而一片完整的蘿蔔乾，切丁後以豬油細細煸炒。以及東港的櫻花蝦、台灣土雞熬煮的高湯、阿嬌監製以池上全米粒有機米（有別於市售以碎米）釀製而成的米酒……等。

雖然只是一顆手掌可握住大小的粽子，但包起的是台灣媽媽的味道，也包起了對本地食材和土地的愛與尊敬，亦以此端午粽裡選用的食材表達了對本地農畜業的支持與期許。

將台灣原生種秈稻與池上紫米先炊煮後再混和，倒入鍋中與炒香的干貝絲、紅蔥頭及雞高湯混和，仔細的烹調步驟和選擇好食材同樣重要。

本地鹹鴨蛋一顆顆手打去殼，是比買現成鹹蛋黃花時間，但卻是保證食材安全不能減少的工夫。

綁粽子的手勢與力道得經過反覆練習才能抓到訣竅，綁太緊粽子口感不佳，太鬆則蒸煮過程可能就漏餡，就連粽葉的折法角度都是學問。

阿嬌的家搭了一個食物專用的煙燻柴窯，粽子裡包的煙燻培根就是她親手燻製而成。

阿嬌的台灣肉粽

■材料（20顆粽子）

豬油——720公克
紅蔥頭——120公克
香菇——60公克
上湯——400公克
蠔油——80公克
醬油——40公克
干貝——120公克
米酒——少許
鹹蛋（黃）——10個
蘿蔔乾——120公克
蒜頭——4公克
燻培根——200公克
櫻花蝦——60公克
秈稻——800公克
紫米——300公克
粽葉——20片
藺草——20條

■做法

①豬油切1公分細塊炸成液態油。
②紅蔥頭去外皮，切成薄片炸成紅蔥酥。
③香菇用1公升的水泡著放冰箱，發好之後去蒂頭，加進上湯、蠔油、醬油裡蒸40分鐘。
④干貝噴米酒蒸軟撥成絲。
⑤取出鹹蛋中的蛋黃蒸熟。
⑥蘿蔔乾洗淨切丁。接著爆香蒜頭炒蘿蔔乾備用。
⑦燻培根切小塊備用（一顆粽子大約包進10公克燻培根）。
⑧粽葉洗淨燙過備用。
⑨秈稻泡4小時，紫米泡6小時，泡完之後洗淨，蒸15分鐘後翻面再蒸10分鐘。
⑩起鍋拿炒過紅蔥頭的豬油爆香干貝與櫻花蝦，再加蒸過的香菇醬汁拌勻，把米和紅蔥酥一起下去拌炒，就可以開始包粽子。依序放入蘿蔔乾、鹹蛋黃、燻培根、香菇與所有食材之後包起來，用藺草綁好，水滾蒸15～20分鐘即可食用。

＊食譜由小器生活料理教室提供。

マカロニ
macaroni
cafe & bakery
マカロニ
台北市大安區羅斯福路三段
283巷7弄12號 02-23670057

日々・日文版 no.30

編輯・發行人——高橋良枝
設計——渡部浩美
發行所——株式會社 Atelier Vie
http：//www.iihibi.com/
E-mail：info@iihibi.com
發行日——no.30：2013年4月1日
插畫——田所真理子

日日・中文版 no.24

主編——王筱玲
大藝出版主編——賴譽夫
設計・排版——黃淑華
發行人——江明玉
發行所——大鴻藝術股份有限公司｜大藝出版事業部
台北市103大同區鄭州路87號11樓之2
電話：（02）2559-0510　傳真：（02）2559-0508
E-mail：service@abigart.com
總經銷：高寶書版集團
台北市114內湖區洲子街88號3F
電話：（02）2799-2788　傳真：（02）2799-0909
印刷：韋懋實業有限公司

發行日——2016年6月初版一刷
　　　　　2021年10月初版二刷
ISBN 978-986-92325-6-2

日日 / 日日編輯部編著. -- 初版. -- 臺北市：
大鴻藝術, 2016.6　52面；19×26公分
ISBN 978-986-92325-6-2（第24冊：平裝）
1.商品　2.臺灣　3.日本
496.1　　　　　　105001149

日文版後記

籃子的採訪是從松本市開始的。在松本採訪三谷龍二，然後拍攝伊藤正子大量的籃子收藏。接著去上原善平商店採訪、在伊藤正子介紹我們去的甜點店裡，休息一下品嘗好甜好甜的紅豆湯和紅豆蜜。

隔天在須藤的採訪之後，搭三谷龍二的車經過上田市前往長野市。在長野市到飛田和緒推薦的壽司店吃午餐。在回程的列車上帶著稻禾壽司前往戶隱。

往戶隱的路上，過了一個大轉彎後，路的另一端雪開始大了。終於變成了暴風雪似的，雪開始橫著下，擋風玻璃突然一下子起霧了。如果是只和攝影公文美和兩人一起來的話，不習慣在雪地開車的我們，應該無法在這條路上駕駛，我們兩人有同感的看著對方。

雖然採訪兩天一夜很辛苦，但卻是非常愉快而充實的旅行。我們也與陶藝家小島亞創住在上田市的姊姊見到面。聽說他們夫婦兩人經營一家改裝過的北歐傢俱店，沒想到在大如體育館般的店裡有著數不盡的北歐傢俱，非常震撼。他們夫婦經營的咖啡店也很棒很可愛，希望有一天可以再到上田市去拜訪。

（高橋）

中文版後記

看到這一期的籃子特集時，常常忘記是在工作中，而津津有味地研究起裡面介紹的各種籃子。對於也有用籃子和篩籃習慣的台灣來說，真是的是既陌生又熟悉。因為我們過去可能對媽媽、奶奶那一輩使用篩籃和籃子很習慣了，當不知不覺那些觸感很棒的籃子被現代的便利產物取代後，更是漸漸遺忘那些曾經在生活中不可或缺的物品。也許會被說成是復古的風潮，但是若能找回過去的好東西，應用在現代生活中，也是很不錯的生活方式。夏天即將到來，也來找個好看的籃子拎著外出吧！

（王筱玲）

大藝出版Facebook粉絲頁 http：//www.facebook.com/abigartpress
日日Facebook粉絲頁 https：//www.facebook.com/hibi2012